BEI GRIN MACHT SICH IHR WISSEN BEZAHLT

Julia Hock

Hintergründe von Adipositas und Therapiemöglichkeiten

Am Beispiel von "Abnehmen – aber mit Vernunft"

GRIN Verlag

Bibliografische Information der Deutschen Nationalbibliothek:

Die Deutsche Bibliothek verzeichnet diese Publikation in der Deutschen National-bibliografie; detaillierte bibliografische Daten sind im Internet über http://dnb.d-nb.de/ abrufbar.

Dieses Werk sowie alle darin enthaltenen einzelnen Beiträge und Abbildungen sind urheberrechtlich geschützt. Jede Verwertung, die nicht ausdrücklich vom Urheberrechtsschutz zugelassen ist, bedarf der vorherigen Zustimmung des Verlages. Das gilt insbesondere für Vervielfältigungen, Bearbeitungen, Übersetzungen, Mikroverfilmungen, Auswertungen durch Datenbanken und für die Einspeicherung und Verarbeitung in elektronische Systeme. Alle Rechte, auch die des auszugsweisen Nachdrucks, der fotomechanischen Wiedergabe (einschließlich Mikrokopie) sowie der Auswertung durch Datenbanken oder ähnliche Einrichtungen, vorbehalten.

Impressum:

Copyright © 2012 GRIN Verlag GmbH
Druck und Bindung: Books on Demand GmbH, Norderstedt Germany
ISBN: 978-3-656-41521-3

Dieses Buch bei GRIN:

http://www.grin.com/de/e-book/212813/hintergruende-von-adipositas-und-thera-piemoeglichkeiten

GRIN - Your knowledge has value

Der GRIN Verlag publiziert seit 1998 wissenschaftliche Arbeiten von Studenten, Hochschullehrern und anderen Akademikern als eBook und gedrucktes Buch. Die Verlagswebsite www.grin.com ist die ideale Plattform zur Veröffentlichung von Hausarbeiten, Abschlussarbeiten, wissenschaftlichen Aufsätzen, Dissertationen und Fachbüchern.

„ Hintergründe von Adipositas und Therapiemöglichkeiten"

Am Beispiel von *Abnehmen – aber mit Vernunft*

Julia Hock

Pädagogische Hochschule Freiburg

2012

1

Inhaltverzeichnis

Einleitung

„Schlank ist in".

Dieser Satz prägt nicht nur Medien und Gesellschaft der heutigen Zeit, sondern stellt auch das allgemeine Schönheitsideal dar. Schlankheit steht als Symbol für Disziplin, Schönheit und Erfolg. Menschen, die optisch nicht in dieses Schema passen, werden oft abgestempelt, im schlimmsten Falle sogar missachtet. Während sich an einem kleinen Bauchansatz oder wohlgeformten Hüften meist nur die betroffene Person selbst stört, haben es stark übergewichtige Menschen auch häufig in der Gesellschaft schwer. Neben Vorurteilen bekommen sie auch nicht selten den Spott und Ekel ihrer Mitmenschen zu spüren[1]. Zudem kommt, dass massives Übergewicht schwerwiegende gesundheitliche Folgen haben kann. Wer übergewichtig ist, wird vielleicht mit einigen sozialen und körperlichen Einschränkungen umgehen können, doch wer adipös ist, schadet sich und seiner Gesundheit in hohem Maße. Hieraus ersichtlich wird die große Relevanz von effektiven Präventions- und Therapiemaßnahmen zur Vermeidung und Intervention von psychischen und physischen Folgeschäden. Im Folgenden wird erst auf den wissenschaftlichen Hintergrund des Krankheitsbildes Adipositas und die Grundlagen der spezifischen Prävention und Intervention eingegangen, woraufhin anschließend eine Auseinandersetzung mit dem Therapieprogramm „Abnehmen – aber mit Vernunft" folgt.

Hauptteil

1. Adipositas: Wissenschaftlicher Hintergrund

Der Energiespeicher Fett hat zunächst grundsätzlich viele positive Eigenschaften. Er schützt die Organe gegen äußere Einwirkungen wie Prellungen und Stöße, stellt eine Isolierschicht für den Körper dar und verhindert somit Wärmeverlust. Gleichzeitig reguliert er auch die Stoffwechselvorgänge und hat Einfluss auf das Immunsystem, die Nerven, das Gehirn, das Zellwachstum und auf die Herstellung von Hormonen.[2] Falls Fett aber übermäßig im Körper angelagert wird, kommt es zum Krankheitsbild der Adipositas.

„Adipositas ist definiert als eine über das Normalmaß hinausgehende Vermehrung des Körperfetts"[3].

1.1 Diagnostik

Eine direkte und exakte Messung des Gesamtfettgewebes ist am lebendigen Menschen nicht möglich, deswegen erfolgt die Klassifizierung in der Praxis meist anhand des BMI. Dieser unterteilt sich in die fünf Kategorien Untergewicht, Normalgewicht, Übergewicht, Adipositas und extreme Adipositas.

---

[1] Hauner/Hauner (2001): Wirksame Hilfe bei Adipositas. Stuttgart: Thieme, S.14
[2] Vgl. ebd.: 15
[3] Deutsche Adipositas Gesellschaft (2011)

Body-Mass-Index

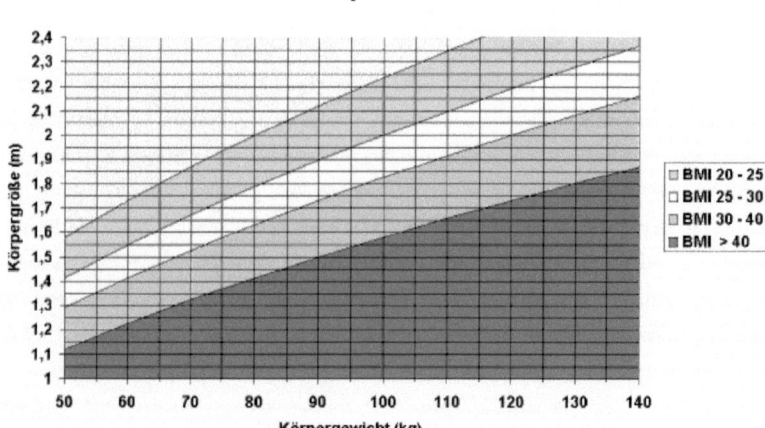

Abbildung 1

Eine weitere, häufig verwendete Methode ist die Messung der regionalen Körperfettverteilung, welche sich durch den Quotient aus Taillen- und Hüftumfang berechnen lässt[4]. Hierbei lässt sich die übermäßige Fettverteilung nochmals in die periphere (auch gynoide oder femorale) Adipositas, den so genannten „Birnen-Typ", und die abdominale (auch androide oder viszerale) Adipositas, den so genannten „Apfel-Typ", unterscheiden. Weitere Klassifikationen gibt es auch hinsichtlich der Ursachen des Übergewichts oder des Erscheinungsbildes der Krankheit[5].

1.2 Ätiologie

Eine einzige genaue Ursache einer Adipositas liegt in den meisten Fällen nicht vor, viel eher führt letztlich die Kombination von mehreren Risikofaktoren zum Übergewicht.

1.2.1 Genetische Ursachen

Die erbliche Veranlagung stellt beim Krankheitsbild der Adipositas einen sehr großen Einfluss dar. Der Anteil des intraabdominalen Fettes ist zu 25 – 50 % durch erbliche Veranlagung vorbestimmt.[6] [7] Ein weiterer erblicher Faktor ist das ob-Protein beziehungsweise Leptin, welches für die Regulation der Fettmasse verantwortlich ist und somit Fettneubildung und Fettabbau beeinflusst. Auch die Fettzellenanzahl und der Einfluss durch im Körper vorhandenes Testosteron bzw. Östrogen sind

---

[4] Vgl. Ellrott/Pudel (1998): Adipositastherapie. Stuttgart: Thieme, S. 4f.
[5] Vgl. Wirth (1997): Adipositas. Berlin: Springer, S. 11 ff.
[6] Vgl. ebd.: 61 f.
[7] Vgl. Hauner/Hauner (2001): 50

4

genetisch prädisponiert. Da sich sogar beim Grundumsatz und der spontanen körperlichen Aktivität genetische Einflüsse finden lassen, lässt sich somit sagen, dass insgesamt nahezu jede zweite Adipositas eine erbliche Grundlage besitzt.[8]

1.2.2 Körperliche Ursachen

Häufig lässt sich eine Gewichtszunahme mit fortschreitendem Alter beobachten. Was ist der Grund dafür?

Im so genannten „kritischen Alter", bei Männern zwischen 30 und 40 Jahren, bei Frauen zwischen 40 und 50 Jahren, sinkt der Grundumsatz, was einen geringeren Energieverbrauch zur Folge hat.

Da den betroffenen Personen die Veränderung ihres Grundumsatzes im Normalfall nicht bewusst wird, nehmen sie im Falle einer konstant bleibenden Ernährung durch die positive Energiebilanz zu[9].

Auch Schwangerschaft, körperliche Probleme oder Einschränkungen, Hormonstörungen oder die Einnahme von diversen Medikamenten können zu Übergewicht als Folge einer erhöhten Energieaufnahme führen. Teilweise kann auch das Aufgeben des Rauchens zu geringfügiger Gewichtszunahme führen, da Nikotin den Energieverbrauch erhöht.[10]

1.2.3 Soziokulturelle Ursachen

Seit 1900 sind unsere Ernährungsgewohnheiten einem enormen Wandel unterlegen. Während die Nahrung früher eher fettarm und ballaststoffreich war, nahm die Beliebtheit von fettreichen Nahrungsmitteln besonders in der Nachkriegszeit stark zu. Fett galt als etwas Besonderes und das stark vermehrte und billige Fett-Angebot steigerte den guten Ruf des Nahrungsmittels zusätzlich[11]. Heutzutage werden bevorzugt fettreiche und ballaststoffarme Nahrungsmittel mit hoher Energiedichte und geringer Sättigung verzehrt.[12][13] Auch die moderne, bequeme Lebensweise erhöht das Risiko an Adipositas zu erkranken. Häufig sitzende Tätigkeiten, ob im Beruf, in der Schule oder im Alltag, haben Bewegungsmangel zu Folge. Daraus resultiert ein erniedrigter Arbeitsumsatz, der bei gleich bleibender Nahrungsaufnahme wiederum zur Speicherung von übermäßigem Körperfett führt.[14] Da auch Stress und der daraus resultierende hektische Alltag mittlerweile eine Art Lebensstil geworden sind, muss Essen vor allem die Funktion erfüllen, schnell sättigend und wenig zeitaufwändig zu sein, wodurch vollwertige und frische Nahrung häufig zu kurz kommt.[15]

Auffällig ist, dass Übergewicht gehäuft in niedrigen sozialen Schichten vorzufinden ist. Hauptschulabsolventen wiesen ein viermal höheres Risiko auf, an Adipositas zu erkranken als

4

[8] Vgl. Wirth (1997): 63ff.
[9] Vgl. Hauner/Hauner (2001): 51 ff.
[10] Vgl. Wirth (1997): 114
[11] Vgl. Ellrott/Pudel (1998): 27 f.
[12] Vgl. Hauner/Hauner (2001): 61
[13] Vgl. Wirth (1997): 82 ff.
[14] Vgl. Ellrott/Pudel (1998): 37 f.
[15] Vgl. Hauner/Hauner (2001): 66

5

Abiturienten, insgesamt haben 18-19% aller Adipösen ihre schulische Bildung mit dem Hauptschulabschluss beendet.[16] Die Gründe hierfür sind ein niedrigeres Gesundheitsbewusstsein, fehlendes Geld für oftmals teuere frische Lebensmittel, häufiger Fast-Food-Verzehr und ein geringes Freizeitangebot innerhalb von Städten mit billigen Mietwohnungen. Zudem wird Übergewicht nicht so sehr als sozialer „Makel" betrachtet wie in höheren Schichten[17].

1.2.4 Seelische Ursachen:

Unser Essverhalten ist kognitiv, biologisch und emotional durch Lernprozesse geprägt[18]. Gerade aus diesem Grund haben Übergewicht und Adipositas oft eine Vielzahl von seelischen Ursachen, die sich über langen Zeitraum aufgebaut und gefestigt haben.

Häufig stellt übermäßiges Essen eine Konfliktbewältigung bei Stress, Einsamkeit oder Langeweile dar. Das Essen dient zur Entspannung und Ersatzbefriedigung beim Umgang mit verschiedenen Situationen[19]. Gleichzeitig verspüren die Betroffenen aber häufig zusätzlich sozialen Druck durch ihre eigene negative Einstellung zum ihrem Körper und das daraus hervorgehende Gefühl Abnehmen zu müssen. Wenn Übergewichtige Opfer von Ablehnung durch die Umwelt werden, kann das zu Einschränkungen des Selbstwertgefühls führen, in seltenen Fällen kann sich dies bis hin zu einer Depression ausweiten, wovon meistens Frauen betroffen sind. Die psychischen Belastungen, die oft mit ihrer Figur und ihrem Essverhalten einhergehen, können bei den Betroffenen zu so genanntem „abnormen" Essen führen, worunter zum Beispiel Naschen, Heißhunger oder Erbrechen fallen. Dieses Essverhalten wird von der Persönlichkeit und der Umwelt des Betroffenen zusätzlich beeinflusst und kann sich bis zu einer Essstörung entwickeln[20]. Auslöser dafür ist anfangs oft „gezügeltes" Essverhalten, auf welches nach dem „Alles-oder-Nichts-Prinzip" nach einer Hungerphase ein Binge-Eating-Anfall folgt. Tatsächlich sind 30% aller Übergewichtigen von regelmäßigen Essanfällen betroffen, aber auch Bulimie, Kohlenhydratheißhunger, Nächtliche Essanfälle und zwanghaftes Diäten sind zu beobachtende Ausprägungen von Essstörungen bei adipösen Personen.[21]

Zusammenfassend lässt sich nach Ellrott und Pudel ein allgemeines Konstrukt der Ursachen und ihrer Beeinflussungsmöglichkeiten aufstellen[22]:

[16] Vgl. Wirth (1997): 51
[17] Vgl. Hauner/Hauner (2001): 65
[18] Vgl. Ellrott/Pudel (1998): 23
[19] Vgl. Hauner/Hauner (2001): 66f.
[20] Vgl. Wirth (1997): 89 ff.
[21] Vgl. Hauner/Hauner (2001): 67ff.
[22] Ellrott/Pudel (1998): 20

6

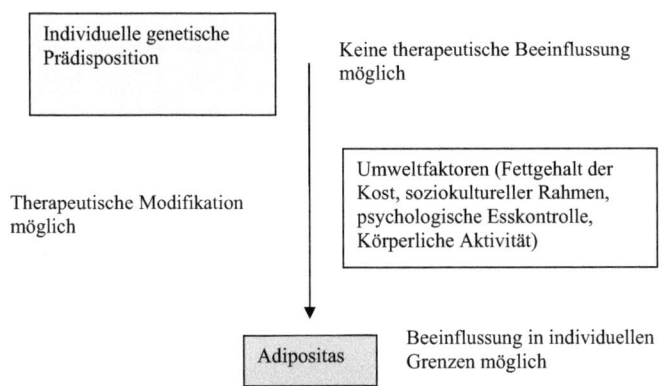

| Individuelle genetische Prädisposition | Keine therapeutische Beeinflussung möglich |

| Therapeutische Modifikation möglich | Umweltfaktoren (Fettgehalt der Kost, soziokultureller Rahmen, psychologische Esskontrolle, Körperliche Aktivität) |

| Adipositas | Beeinflussung in individuellen Grenzen möglich |

1.3 Epidemiologie

In Deutschland gibt es etwa 12 Millionen Betroffene[23]. Laut der VERA-Studie aus dem Jahr 1992 ist jede zweite Person in der BDR übergewichtig und jede sechste adipös.

Im internationalen Vergleich liegt Deutschland mit einem durchschnittlichen BMI von 25,4 auf dem 16. Platz von 23 teilnehmenden Ländern. Wenn man allerdings die Quoten der an Adipositas Erkrankten vergleicht, hat die BDR nach Südafrika mit 15% männlichen und 17% weiblichen Adipösen die höchste nationale Rate[24]. Durch die hohe Zahl an Krankheitsfällen, die durch dieses Übergewicht ausgelöst werden, entstehen hohe Kosten im Gesundheitswesen. Etwa 7% aller Krankheitskosten sind auf Begleiterkrankungen der Adipositas zurückzuführen[25].

2. Prävention und Intervention

2.1 Gesundheitliche Folgen

Die gesundheitlichen Folgen von Adipositas lassen sich in verschiedene Bereiche unterteilen, die im Folgenden aufgeführt werden sollen.

2.1.1 Stoffwechselstörungen

Massives Übergewicht stellt einen hohen Risikofaktor für das Auftreten von Stoffwechselstörungen dar. Während bei Diabetes mellitus Typ1 das Körpergewicht keinen wesentlichen Einfluss hat, führt die erbliche Vorbelastung bei Diabetes mellitus Typ 2 meist erst durch die Überernährung und das damit einhergehende Übergewicht zur Ausprägung des tatsächlichen Krankheitsbildes[26]. Diabetes ist

---

[23] Vgl. Wirth (1997): 53
[24] Vgl. Wirth (1997): 40 f.
[25] Vgl. ebd.: 53
[26] Vgl. Hauner/Hauner (2001): 34 f.

bei Übergewichtigen zehnmal häufiger anzutreffen als bei Normalgewichtigen. 80% aller Diabetiker sind adipös, was bedeutet, dass jeder zweite stark übergewichtige Mann und jede dritte stark übergewichtige Frau über 50 Jahren betroffen sind.[27] Zudem weist jeder zweite Adipöse erhöhte LDL-Cholesterin-Werte auf[28]. Diese Fettstoffwechselstörung erhöht wiederum das Risiko an Arteriosklerose zu erkranken. Massives Übergewicht führt auch zu einem erhöhten Harnsäurespiegel im Blut, welcher die Ablagerung von Harnsäurekristallen im Gewebe zur Folge hat. Dies kann den Auslöser für Gelenkentzündungen (Gicht) und Nierensteine darstellen[29].

2.1.2 Herz-Kreislauf-Erkrankungen

Neben hohem Alkohol- und Salzkonsum sowie Stress ist Übergewicht einer der größten Risikofaktoren zur Entstehung von Bluthochdruck („Hypertonie")[30]. In Deutschland ist Übergewicht die häufigste Ursache für Bluthochdruck, etwa jeder zweite Adipöse ist davon betroffen.[31]

Tritt der Bluthochdruck zusammen mit stammbetontem Übergewicht, Typ-2-Diabetes und einer Fettstoffwechselstörung auf, spricht man vom so genannten Metabolischen Syndrom (auch „Wohlstandssydrom").

Auch wenn bei diesem Krankheitsbild die erbliche Veranlagung ebenfalls ausschlaggebend ist, sind die Auslöser hier ebenfalls hoher Fett- und niedriger Ballaststoffkonsum, eine stark erhöhte Kalorienaufnahme, Bewegungsmangel, Stress und Rauchen[32]. Bluthochdruck, Diabetes mellitus und Fettstoffwechselstörungen stellen neben dem Rauchen gleichzeitig wiederum Risikofaktoren für Herzinfarkte und Schlaganfälle dar. Da Übergewichtige besonders häufig von diesen Erkrankungen betroffen sind, bilden sie somit eine stark belastete Risikogruppe[33]. Auch hat sich die Theorie bestätigt, dass überdurchschnittlich viel Bauchfett häufiger zu Diabetes, Bluthochdruck, Fettstoffwechselstörungen und Arteriosklerose führt als Hüftfett. Je stärker das Übergewicht jedoch ausgeprägt ist, desto weniger spielt dieses Fettverteilungsmuster eine Rolle[34].

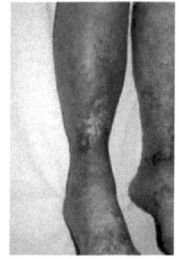

„Offenes Bein"
Abbildung 2

Übergewicht bedeutet für den Herzmuskel zudem eine andauernde Mehrbelastung, was mit der Zeit zu Herzschwäche („Herzinsuffizienz") führen kann. Viel Fett im Gewebe hat auch zur Folge, dass die Venenklappen nicht mehr richtig schließen, was der Grund dafür ist, dass man bei Übergewichtigen sehr häufig die Ausbildung von Krampfadern beobachten kann. Diese können dann neben Blutgerinnungsproblemen den Auslöser für

---

[27] Vgl. Wirth (1997): 175
[28] Vgl. ebd.: 190
[29] Vgl. Hauner/Hauner (2001): 36ff.
[30] Vgl. ebd.: 40 f.
[31] Vgl. Wirth (1997): 151 f.
[32] Vgl. Hauner/Hauner (2001): 32 f.
[33] Vgl. ebd.: 42
[34] Vgl. ebd.: 21ff.

8

Thrombosen und Entzündungen im Gewebe bis hin zum so genannten „offenen Bein" darstellen, welches Gewebsverlust im Unterschenkel beschreibt.[35]

2.1.3 Sonstige Erkrankungen

Weitere häufig zu beobachtende Folgen von Adipositas sind Erkrankungen der Gelenke (Arthrose), Beeinträchtigung der Lungenfunktion und Schlaf-Atmungs-Störungen durch Fettansammlungen in Hals und Thorax, wovon 60% aller Adipösen betroffen sind[36][37]. Auch gastrointestinale Erkrankungen wie Gallensteine, Pankreatitis und die Ausprägung einer Fettleber sind häufige Nebenwirkungen von starkem Übergewicht[38]. Durch die oftmals bestehende Fehlernährung ist das Risiko für Krebserkrankungen stark erhöht[39]. Übergewichtige Männer und Frauen haben eine 20% höhere Gefahr an Prostatakrebs beziehungsweise Gallenblasenkrebs zu erkranken wie Normalgewichtige. Die Fruchtbarkeit übergewichtiger Personen nimmt mit steigendem Gewicht ab, adipöse Frauen weisen zudem oft Regelstörungen auf. Gleichzeitig kann es während einer Schwangerschaft häufiger zu Geburtskomplikationen und Geburtsmortalität oder einer Erkrankung an Bluthochdruck oder Diabetes kommen als bei Normalgewichtigen[40].

Durch ihre reduzierte Beweglichkeit und Ausdauer verunfallen Übergewichtige häufiger[41]. Begleiterkrankungen und übermäßiger Fettgewebe erschweren zudem die Untersuchungsbedingungen und erhöhen das Operationsrisiko[42].

Trotz der weit reichenden körperlichen Einschränkungen leiden Betroffene jedoch meist mehr unter den seelischen Folgen ihres Übergewichts und den daraus folgenden Einschränkungen im täglichen Leben. Oft werden übergewichtige Menschen Opfer von Vorurteilen, Diskriminierung und sozialer Benachteiligung.[43] Die soziale Isolation kann sich auf das Selbstbewusstsein der betroffenen Personen auswirken, woraus zusätzliche Probleme im gesellschaftlichen und beruflichen Umfeld entstehen können.

Die Folgen der körperlichen und psychosozialen Auswirkungen von Adipositas sind eine erhöhte Morbidität, häufige Arbeitsunfähigkeit und damit einhergehende vorzeitige Berentung, welches eine weitere soziale Isolation darstellt.[44] Aber kann Übergewicht auch zum Tod führen?

Übermäßiges Körpergewicht allein führt nicht zum Tod. Die daraus resultierenden Begleiterkrankungen und Komplikationen können allerdings im schlimmsten Fall den Tod zur Folge haben. Das Sterblichkeitsrisiko ist bereits ab einem BMI von 30 deutlich erhöht, ab einem BMI von 40

[35] Vgl. Wirth (1997): 47
[36] Vgl. ebd:: 206
[37] Vgl. Hauner/Hauner (2001): 44 ff.
[38] Vgl. Wirth (1997): 203 ff.
[39] Vgl. Hauner/Hauner (2001): 44 ff.
[40] Vgl. Wirth (1997): 215f.
[41] Vgl. Hauner/Hauner (2001): 46
[42] Vgl. Wirth (1997): 47
[43] Vgl. Hauner/Hauner (2001): 28 f.
[44] Vgl. Wirth (1997): 47

9

ergibt sich sogar eine erhebliche Verkürzung der Lebenserwartung[45]. Mit steigendem BMI steigt auch die Mortalität[46].

2.2 Therapieansätze

Adipositas ist eine chronische Erkrankung, die nicht durch eine kurzfristige Therapiemaßnahme behandelt werden kann, sondern langfristig, bestenfalls lebenslänglich, wirken muss um die Morbidität und Mortalität zu senken und die psychosoziale Befindlichkeit zu verbessern[47]. Eine kurzfristige Gewichtsabnahme wird therapeutisch nur kurz vor Operationen und Eingriffen angewendet. Eine Indikation zur Behandlung wird ab einem BMI von 30, bei psychosozialen Problemen auch schon bei einem BMI von 25 bis 30 empfohlen. Die Therapie ist immer von der Mitarbeit der Patienten abhängig, was die hohe Misserfolgsrate erklärt.

Da die Patientenvorstellungen meist nicht medizinisch oder psychosozial begründet sind, sondern kosmetische Hintergründe haben, fallen die Betroffenen oftmals nach den ersten Behandlungserfolgen wieder in alte Verhaltensmuster zurück[48].

Misserfolg ist bei Personen wahrscheinlicher, die eine hohe genetische Veranlagung besitzen, fortgeschrittenen Alters sind, eine gynoide Fettverteilung aufweisen, schon in der Kindheit adipös waren oder unter Persönlichkeitsstörungen leiden, sowie Betroffene mit niedrigem Sozialstatus und fehlendem Leidensdruck. Der Therapieansatz bei einer Adipositas muss multifaktorell, interdisziplinär und langfristig sein. Die Therapie beinhaltet eine Ernährungsumstellung, die Steigerung der körperlichen Aktivität, Verhaltenstrainings, teilweise Pharmaka, im seltenen Fall auch Operationen. Die Therapieziele müssen realistisch sein, unter Umständen sollte bei der Zielplanung über eine zeitliche Begrenzung nachgedacht werden[49].

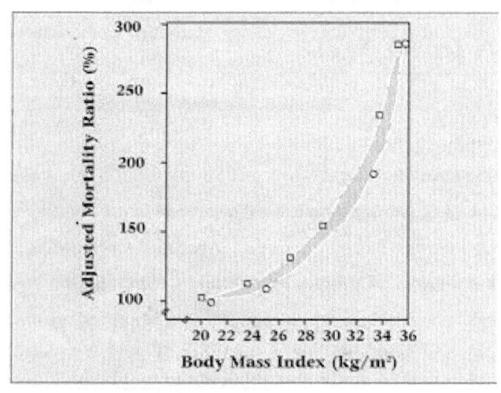

Abbildung 3

---

[45] Vgl. Hauner/Hauner (2001): 47
[46] Metropolitan Life Insurance Company 1939, vgl. Wirth (1997): 43 f.
[47] Vgl. Ellrott/Pudel (1998): 2
[48] Vgl. Wirth (1997): 224 f.
[49] Vgl. Wirth (1997): 225f.

2.2.1 Diätische Maßnahmen

„Hauptziel der Adipositastherapie ist in erster Linie eine Reduktion der Gesamtkörperfettmasse."[50] Diätische Maßnahmen beschreiben eine Reduktion der Energiezufuhr. Dies kann auf verschiedene Weise geschehen. Totales Fasten und Nulldiät wird allgemein als hinfällig angesehen, aber extrem niedrigkalorische Diäten werden neben der präoperativen Anwendung teilweise auch bei schwerwiegenden Gesundheitsstörungen ab einem BMI über 30 zur schnellen Gewichtsabnahme empfohlen[51]. Ohne begleitende Bewegungs- und Verhaltenstherapie ist diese Maßnahme jedoch nur kurzfristig erfolgreich und führt ebenso wie die Mangel- und Fehlernährung durch Blitz-, Crash- und Hungerdiäten und sonstige „Außenseiterdiäten"[52] zum bekannten Jojo-Effekt.

Die Standardernährung zum Abnehmen ist eine hypokalorische Mischkost, da diese eine hohe Patientenakzeptanz erfährt und sich somit gut zur Langzeittherapie eignet[53]. Da Fett bei übermäßiger Aufnahme als Energiespeicher im Gewebe angelegt wird und eine schlechte Autoregulation hat, wird hier auf eine fettarme und kohlenhydratreiche Ernährung geachtet. Die Vorgabe von 30 – 70g Fett pro Tag sollte hierbei nicht überschritten werden[54]. Bei einer diätischen Gewichtsreduktion findet immer eine Reduzierung des Grundumsatzes, der Thermogenese und der körperlichen Aktivität statt. Um bei einer eingeschränkten Ernährung hohen Eiweißverlusten vorzubeugen, muss auf eine ausreichende Eiweißzufuhr, Verwendung von biologisch hochwertigem Eiweiß und ausreichende Kohlenhydrataufnahme geachtet werden[55].

2.2.2 Bewegungstherapie

Bewegungstherapie trägt einen großen Teil zum Erfolg der Therapiemaßnahme bei, denn sie induziert verstärkte Gewichts- und Fettabnahme, stärkt das Herz-Kreislauf-System und den Stoffwechsel[56] und senkt den Ruheumsatz[57]. Zudem steigert Bewegung die Flexibilität, die Koordination und die Kraft sowie das Selbstwertgefühl und hilft, Depressivität zu verringern. Auf diese Weise bleibt auch bei einem Gewichtsverlust durch eine diätische Maßnahme die Muskelmasse erhalten[58]. Besonders geeignet sind gelenkschonende Ausdauersportarten mit niedriger Intensität wie Schwimmen, Radfahren, Skilanglaufen, Rudern oder Tanzen.[59] Auch sollte Augenmerk darauf gelegt werden, den „Aktiven Lebensstil" der Patienten zu fördern, also die Integration von Bewegung in den alltäglichen Ablauf zu unterstützen.[60]

---

[50] Ebd.: 232
[51] Vgl. ebd.: 238ff.
[52] Ebd.: 249
[53] Vgl. Ellrott/Pudel (1998): 41ff.
[54] Vgl. Wirth (1997): 245
[55] Vgl. ebd.: 233ff.
[56] Vgl. ebd.: 251 ff.
[57] Vgl. Ellrott/Pudel (1998): 52
[58] Vgl. Wirth (1997): 251 ff.
[59] Vgl. Wirth (1997): 260 f.
[60] Vgl. Ellrott/Pudel (1998): 52 f.

11

2.2.3 Psychotherapie

Die psychodynamische Therapie sollte auf eine Verhaltenstherapie ausgelegt sein, die Selbstbeobachtung und Selbstkontrolle durch Reizkontroll- und Verstärkungstechniken sowie Ernährungsinformation und kognitives Umstrukturieren beinhaltet. Auch die Förderung der körperlichen Aktivität sowie eine Rückfallprophylaxe zur Nachsorge sollten vorgesehen sein[61]. Wichtig dabei ist, dass auf ein realitätsnahes Verhaltenstraining Wert gelegt wird, zu dessen Durchführung minimales Wissen als Vorraussetzung reicht[62].

Bei einer alimentären Adipositas ist auch eine Ernährungsanamnese unumgänglich, allerdings muss dabei bedacht werden, dass Adipöse dazu neigen, mengenmäßig weniger als die tatsächlich verzehrten Nahrungsmittel anzugeben[63]. Eine Dokumentation der Veränderungen und damit im Idealfall einhergehenden Verbesserungen in Form von Ernährungsprotokollen und Ernährungstagebücher steigert das Selbstwertgefühl der Patienten und fördert die Motivation[64].

2.2.4 Medikamentöse Therapie

Auch mit Hilfe von diversen Medikamenten wie Appetithemmern, Abführmitteln oder Stimulatoren des Energieverbrauchs lässt sich eine Reduktion der Energieaufnahme erzielen[65]. Allerdings sind lediglich die so genannten „Sättigungsverstärker", Medikamente, die den Serotoninspiegel erhöhen, therapeutisch nutzbar und sinnvoll und können ab einem BMI über 30 begleitend eingesetzt werden[66].

2.2.5 Operative Therapie

Operationen wie Magenverkleinerungen und Magenband weisen eine sehr hohe Erfolgrate auf[67], allerdings sollten sie nur bei morbider Adipositas (BMI>40) eingesetzt werden. Kosmetische Operationen wie Fettabsaugung oder Bauchdeckenstraffung stellen keine Therapie dar![68]

Meist ist die Gesamttherapie eine Kombination aus verschiedenen der vorgestellten Maßnahmen, die Grundsätze der Therapie gelten jedoch für alle Maßnahmen gleich[69]. Hauptziel jeder Therapiemaßnahme ist moderate Gewichtsabnahme.

Um letztendlich eine erfolgreiche Gewichtsstabilisierung zu erreichen ist es wichtig, dass die Patienten sich Erfahrungen aneignen und ihr Selbstwertgefühl verbessern. Jeder Übergewichtige sollte auf sein individuell anzustrebendes Erfolgsgewicht hinarbeiten. Gleichzeitig sollen sie eine flexible Kontrolle des Nahrungsverzehrs erlernen und durch unterhaltsame und spielerische Elemente positive Motivation bekommen.

---

[61] Vgl. Wirth (1997): 262 ff.
[62] Vgl. Ellrott/Pudel (1998): 50 f.
[63] Vgl. Wirth (1997): 81
[64] Vgl. Ellrott/Pudel (1998): 50 f.
[65] Vgl. Wirth (1997): 268 ff.
[66] Vgl. Ellrott/Pudel (1998): 53
[67] Vgl. ebd.: 62 f.
[68] Vgl. Wirth (1997): 280 ff.
[69] Vgl. Ellrott/Pudel (1998): 40

Das Institute of Medicine hat Erfolgskriterien aufgestellt anhand derer sich die Effektivität eines Therapieprogramms zur Behandlung von Adipositas überprüfen lässt. Grundsätzlich muss das Programm individuell zum Teilnehmer passen, sicher und vernünftig sein und einen hohen Therapieerfolg aufweisen. Dies wird ersichtlich durch einen langfristigen Gewichtsverlust in Folge von Körperfettabnahme, die Verbesserung von Begleiterkrankungen wie Herz-Kreislauf-Beschwerden oder Diabetes und ein verbessertes Gesundheitsverhalten hinsichtlich Ernährung, regelmäßiger körperlicher Aktivität und regelmäßiger Teilnahme an Vorsorgeuntersuchungen. Die Teilnehmer sollten nach der Therapiemaßnahme in der Lage sein, durch Selbstbeobachtung gegenteilige Effekte zu identifizieren und beheben zu können. Wenn all diese Punkte zutreffen, führt das Programm im Endeffekt zu einer Verbesserung der allgemeinen Lebensqualität der Patienten[70].

3. Abnehmen – aber mit Vernunft

3.1 Hintergrund

Das Programm „Abnehmen aber mit Vernunft" wurde 1980/81 erstmals von der Bundeszentrale für gesundheitliche Aufklärung auf den Markt gebracht. 1991 übernahm dann das Institut für Therapieforschung die Betreuung des Programms. Unter Finanzierung durch die BzgA wurde „Abnehmen – aber mit Vernunft" 2007 nach langjähriger Erfahrung

Abbildung 4

erstmals überarbeitet und den neuesten Erkenntnissen der Wissenschaft und Forschung angeglichen.

Die inhaltliche Konzeption erfolgt dabei anhand der Leitlinie zur Prävention und Therapie von Adipositas, die 2006 von der Deutschen Adipositas Gesellschaft, der Deutschen Diabetes Gesellschaft, der Deutschen Gesellschaft für Ernährung und der Deutschen Gesellschaft für Ernährungsmedizin herausgegeben wurde[71].

3.2 Ziele

Die Hauptziele der Therapiemaßnahme „Abnehmen – aber mit Vernunft" sind einerseits eine nachhaltige Gewichtsreduktion, auf der anderen Seite jedoch auch eine stabile Veränderung des Ernährungs-, Ess- und Bewegungsverhaltens.

Um diese Ziele zu erreichen, haben die BzgA und das IFT auf erprobte und erwiesenermaßen erfolgreiche Methoden gesetzt, die breit verfügbar und kostengünstig sind, um auch Personen aus sozialen und finanziellen Randgruppen, sowie Personen mit niedrigem Bildungsstatus zu erreichen[72].

---

[70] Vgl. Ellrott/Pudel (1998): 60 ff.
[71] Vgl. Selz (2007): Abnehmen – aber mit Vernunft. München: IFT, S. 5
[72] Vgl Selz (2007): 3ff.

13

3.3 Ablauf

Die Grundprinzipien des Programms umfassen die Beobachtung, Veränderung und Stabilisierung der drei Hauptbereiche Ernähren, Bewegen und Entspannen. Dies erfolgt in kleinen Schritten und wird durch die Arbeit in der Gruppe auch sozial eingebettet.

Das verhaltenstherapeutische Grundprinzip umfasst den Selbstmanagementansatz von Kanfer: Aus der Selbstbeobachtung eines bestimmten Verhaltens folgt durch den Vergleich mit bestimmten Standards eine Selbstbewertung. Anhand dieser kann dann das Verhalten mit Hilfe von Selbstverstärkung und Selbstbelohnung verändert werden.

Um die Motivation der Teilnehmer hoch zu halten und die Therapie so abwechslungsreich wie möglich zu gestalten, werden hierbei vielfältige Arbeitsmaterialien eingesetzt. Während der Arbeit in der Gruppe sind die allgemeinen angewandten Methoden Ernährungsprotokolle und Ernährungsfahrpläne, Informationsvermittlung, Genuss-, Entspannungs-, und Achtsamkeitsübungen und das Training sozialer Kompetenzen. Zudem erhalten die Betroffenen Anleitung zu Selbstkontrollstrategien, Belohnungsmöglichkeiten und dem Umgang mit negativen Gefühlen. Zu Beginn setzen die Teilnehmer sich ein Ziel, das sie aber im Verlauf des Kurses immer wieder überprüfen und gegebenenfalls anpassen. In den letzten beiden Kursstunden erfolgt ein Training spezieller Fertigkeiten zur langfristigen Gewichtsstabilisierung.

Der zeitliche Ablauf umfasst insgesamt 14 Stunden innerhalb eines halben Jahres, wobei die ersten zehn Stunden je einmal wöchentlich stattfinden und die elfte und zwölfte Kursstunde darauf in jeweils 14-tägigem Abstand folgen. Die letzten beiden Einheiten dürfen eher als Nachsorge betrachtet werden und erfolgen erst in mindestens zweimonatigem Abstand zu den anderen Kursstunden[73]. Im Folgenden wird auf die drei Zielbereiche Ernährungsumstellung, Bewegungssteigerung und Verhaltensänderung eingegangen und im Anschluss der generelle Ablauf einer Kursstunde erläutert.

3.3.1 Ernährungsumstellung

Das Ziel der Ernährungsumstellung umfasst eine ausgewogene Kostzusammenstellung zur langfristigen Gewichtsreduktion und anschließender Gewichtsstabilisierung. Die Teilnehmer werden zuerst zu einer Selbstbeobachtung über zwei Wochen hinweg aufgefordert. Erst nach dieser Phase erfolgt in Kursstunde 3 – 7 die ernährungstechnische Informationsvermittlung. Anschließend stellt sich jeder Teilnehmer individuell seine Nahrungsmittel nach seinem persönlichem „Ernährungsfahrplan" auf.

---

[73] Vgl. ebd.:4f.

Das Programm bezieht sich hierbei auf die Ernährungsempfehlungen der Deutschen Gesellschaft für Ernährung, wobei die Lebensmittelgruppen in die sieben Bereiche Getreide, Gemüse/Salate, Obst, Milch und Milchprodukte, Fleisch/Wurst/Fisch/Ei, Fette/Öle/Süßes und Getränke eingeteilt werden. Auf diese Weise kann trotz ausgewogener Ernährung eine schrittweise Reduzierung der Energieaufnahme ermöglicht werden, bei der der Teilnehmer das Tempo selbst bestimmt[74].

Ernährungskreis DGE
Abbildung 5

3.3.2 Bewegungssteigerung

Mit der Veränderung des Bewegungsverhaltens wird bei „Abnehmen – aber mit Vernunft" erst nach den ersten Erfolgen der Umstellung des Essverhaltens begonnen. Im weiteren Verlauf des Programms wird aber die Relevanz beider Komponenten gleich betont. Das Bewegungsziel umfasst moderate Bewegung und Sport im Umfang von mindestens fünfmal wöchentlich mindestens 60 Minuten. Neben diesen 300 Minuten aktiver Bewegung soll gleichzeitig aber auch die ständige Reduzierung von Inaktivität erzielt werden. Dies geschieht durch die Protokollierung und Selbstbeobachtung mit Hilfe des „Bewegungskontos" und des „Bewegungstagebuchs". Auch hier sind die Methoden ähnlich wie im Bereich Ernährung: Neben der Selbstbeobachtung und verschiedener Motivationsstrategien finden Einheiten der Informationsvermittlung, eine gemeinsame individuelle Zielerarbeitung und eine Anleitung zum Aufbau körperlicher Aktivität statt. Der Teilnehmer kann auch hier über das Tempo selbst entscheiden, erfährt Unterstützung durch die Gruppe und wird durch verschiedene Problemlösungsmethoden auch dann gefördert, falls er seine Ziele nicht erreicht[75].

3.3.3 Strategien zur Verhaltensänderung

Das grundsätzliche Ziel der Verhaltenstherapie ist die Veränderung von ungünstigem Essverhalten. Die Teilnehmer werden in der Wahrnehmung von Hunger- und Sättigungsgefühl geschult, erfahren wie sie Essensanreize schwächen können und lernen Essen zu genießen. Dies geschieht neben der oben genannten Informationsvermittlung und Selbstbeobachtung auch durch Motivierungsstrategien, die eine bewusste Entscheidungsfindung als Ausgangspunkt des Programms voraussetzen. Dabei ist wichtig, dass die Teilnehmer sich ein realistisches Ziel setzen und konkrete Zwischenziele einplanen. Auch ist die Verwendung von so genannten „Jokern" zur flexiblen Kontrolle des Ernährungsverhaltens empfehlenswert, um den Übergewichtigen motivierende Erfolgserlebnisse zu verschaffen. Neben Strategien zur Vermeidung und Verringerung von externalen und internalen

---

[74] Vgl. Selz (2007): 43 ff.
[75] Vgl. ebd.: 47 ff.

Auslösern des Essverhaltens erlernen die Beteiligten zudem die Grundlagen des Kontingenzmanagements, also des gezielten Einsatzes von Verstärkern.

Weitere Methoden des Verhaltenstrainings sind das Einüben sozialer Kompetenzen in schwierigen Situationen, körperbezogenes Genusstraining, Achtsamkeitsübungen und weitere kognitive und emotionsbezogene Interventionen[76].

Um die langfristige Gewichtsstabilisierung auch nach Beendigung des Kurses zu verstärken, sind in zudem spezielle Interventionen notwendig, auf die bei „Abnehmen – aber mit Vernunft" großes Augenmerk gelegt wird. Um Missverständnisse so früh wie möglich aufzuklären, müssen die Teilnehmer schon zu Beginn über die Struktur und die zu erwartenden Erfolge des Programms aufgeklärt werden. Dabei ist es wichtig, den Betroffenen zu erklären, dass die Erfolge zwar kleiner, dafür aber langfristig realistisch sein werden. Auch muss die Wichtigkeit der kontinuierlichen und systematischen Selbstbeobachtung in Form von Tagebüchern und Protokollen betont werden sowie die regelmäßige Kontrolle des Gewichts und das regelmäßige Durchführen des Bewegungsprogramms. In den letzten beiden Kursstunden findet ein Rückfall-Prophylaxe-Training statt, in dem die Teilnehmer zusätzlich auf flexibles Denken, diverse Bewältigungsstrategien und Stressmanagement geschult werden und sich einen individuellen Gewichtshalteplan erstellen. Zudem gibt der Kursleiter Anregung zu eigenverantwortlichen Treffen auch nach Kursabschluss um die soziale Unterstützung weiterhin zu gewährleisten[77].

3.3.4 Ablauf einer Kursstunde

Eine Kursstunde dauert im Normalfall 120 Minuten, bei kleineren Gruppen ist allerdings auch eine Verkürzung auf 90 Minuten möglich. Der grobe Ablauf ist hier tabellarisch aufgeführt:

30 – 45 Min.	Wiederholung der letzten Kursstunde, gemeinschaftliches Besprechen der zuhause durchgeführten Übungen
5 – 10 Min.	Aktive Pause, allerdings ist der Zeitpunkt dieser Bewegungsübung innerhalb der Stunde flexibel
30 – 60 Min.	Informationen und Übungen zu neuen Inhalten
5 Min.	Besprechung der neuen Übungen für zuhause
5 – 10 Min.	Körperübung mit auflockernden Elementen
Schluss	Gemeinsames Finden von Lösungsansätzen für schwierige Situationen

In fast jeder Stunde lassen sich Anteile aus den Bereichen Ernährung, Bewegung und Essverhalten finden, es erfolgt somit keine isolierte Vermittlung der einzelnen Inhalte, sondern eine übergreifende Beschäftigung mit allen beteiligten Komponenten.

---

[76] Vgl. Selz (2007): 48ff.
[77] Vgl. ebd.: 51ff.

Zu Beginn des Programms findet für alle Interessenten eine Informationsstunde statt, die neben Werbungszwecken auch zur Entscheidungshilfe dienen soll. Außerdem bekommen die Teilnehmer in der ersten Kursstunde das Kurshandbuch ausgehändigt, mit dem sie dann im Verlauf des Programms praktisch und individuell arbeiten können.[78]

3.4 Mögliche Settings

Standard-Setting von „Abnehmen – aber mit Vernunft" sind meistens Krankenkassen oder Volkshochschulen. Manche Kursleiter führen das Programm aber auch auf selbstständiger Basis in ihrer Praxis oder in Kliniken durch. Kooperationen mit Arzt- und Psychologenpraxen, Beratungsstellen, Rehabilitationseinrichtungen, Apotheken, Krankenhäusern und Behörden und Vereinen der Gesundheitsfürsorge sind sinnvoll, da man durch sie schnell viele Mitglieder der Zielgruppe erreichen kann.[79]

3.5 Aktuelle Evaluationsergebnisse

2003 wurden 700 Kursteilnehmer zum Programm „Abnehmen – aber mit Vernunft" befragt. Die Zeit seit Beendigung des Programms lag bei den unterschiedlichen Teilnehmer zwischen wenigen Monate bis hin zu 12 Jahren. Diese Untersuchung zeigte, dass die Teilnehmer direkt nach Absolvieren des Kurses durchschnittlich 10% ihres Gewichts verloren hatten. Auch im längeren Verlauf, das heißt mindestens ein Jahr nach Abschluss des Kurses wiesen die Teilnehmer immer noch ungefähr 7% weniger Körpergewicht auf als das ursprüngliche Ausgangsgewicht. Zudem beschrieben die Befragten eine deutliche Veränderung im Ernährungs- und Bewegungsverhalten sowie im allgemeinen Wohlbefinden.

2006 wurden nochmals 200 Kursteilnehmer zu Anfang und zu Ende der Maßnahme befragt. Das Design belief sich auf drei verschiedene Gruppen, die zu Beginn, am Ende und ein Jahr nach der Maßnahme befragt wurden. Finanziell wurde diese Evaluation durch die BzgA gefördert. Die Untersuchung kam zu dem Ergebnis, dass der durchschnittliche Gewichtsverlust im Verlauf des Programms circa fünf Kilogramm beziehungsweise 1,8 BMI-Punkte betrug, was einem Gewichtsverlust von 5,6% gegenüber dem Ausgangsgewicht entspricht[80]. Außerdem wurde die Ergebnisqualität nach den Kriterien des Institute of Medicine getestet und bewertet (siehe 2.2). Die Teilnehmer hatten die Möglichkeit, den Kurs durch Stundenbeurteilungsbögen und auch im Gesamten zu beurteilen, während die Kursleiter während des Programmablaufs ein Kursleitertagebuch führten.[81]

---

[78] Vgl. Selz (2007): 69 ff.
[79] Vgl. ebd.: 63
[80] Vgl. IFT Gesundheitsförderung (2012)
[81] Vgl. Dr. Rose Shaw (2006)

3.6 Bewertung

3.6.1 Vor- und Nachteile von „Abnehmen – aber mit Vernunft"

„Abnehmen – aber mit Vernunft" ist ein Programm, das auch zur Dauerernährung und Prävention empfohlen werden kann, da es langfristig sehr gesund ist.

Es baut im Vergleich zu anderen Programmen vor allem auf einer Veränderung des Essverhaltens auf und arbeitet verstärkt mit Lerneffekten, was eine langfristige Gewichtsregulation ermöglicht. Anstatt von Verboten flexible Essenskontrolle als Methode einzusetzen, verhindert unkontrolliertes Essen von „dickmachenden" Speisen wie es häufig bei sehr strikten Diäten zu beobachten ist. Das Programm ist einfach gestaltet und so für alle Bildungsgruppen gut geeignet. Durch die Arbeit in der Gruppe erfahren die Teilnehmer soziale Unterstützung und fühlen sich verstanden und ernst genommen. Zudem lässt sich das Programm problemlos in den Alltag integrieren und umsetzen.

Ein klarer Nachteil ist allerdings der geringe Anteil der Bewegungstherapie. Besonders der Bereich der Bewegungspraxis wird vernachlässigt, da die Kursleiter nicht darauf geschult sind, obwohl der Bereich Bewegung laut eigenen Angaben des Programms genauso große Wichtigkeit haben sollte wie der Bereich Ernährung. Da der Erfolg der Maßnahme nur sehr langsam ersichtlich ist, könnten die Teilnehmer schnell die Motivation daran verlieren. In den Kursstunden gibt es keine konkreten Ernährungsvorgaben, sondern die Teilnehmer stellen sich ihre Ernährungspläne selbst zusammen und müssen sich dazu auch vertieft über gesunde Ernährung informieren. Dies kann bei wenig selbstständigen Charakteren ebenfalls zu Motivationsverlust führen.

3.6.2 Vergleich mit Weight Watchers

Abbildung 6

Wie „Abnehmen – aber mit Vernunft" baut auch „Weight Watchers" auf den drei Bereichen Ernährung, Verhalten und Bewegung auf, allerdings erfährt die Gruppe als Einheit dabei stärkere Relevanz. Auch das Weight Watchers - Programm arbeitet mit den Ernährungsempfehlungen der DGE, allerdings haben die Teilnehmer Zugang zu Broschüren und Rezeptbüchern mit Mahlzeitenvorschlägen. Im Gegensatz zu AamV bietet Weight Watchers somit konkrete Rezeptvorschläge zum Nachkochen an. Das zugehörige Verhaltenstraining zielt auf das Erkennen von Ernährungsfehlern und die Beobachtung des persönlichen Essverhalten, sowie der Bewältigung von besonderen Situationen ab und deckt sich somit relativ stark mit den verhaltenstherapeutischen Ansätzen von AamV. Bei Weight Watchers bekommen die Teilnehmer zwar Bewegungsanleitungen für Gymnastikübungen zur selbstständigen Durchführung, prinzipiell fehlt aber auch hier die Bewegungskomponente als wichtiger Bestandteil der Adipositastherapie. Die Weight Watchers - Gruppentreffen finden mehrmals wöchentlich statt und insofern man dafür zahlt, darf jeder daran teilnehmen. Dadurch haben die Mitglieder zwar regelmäßig die Möglichkeit sich auszutauschen, aber es besteht auch die Gefahr, dass sich kein so starkes Gruppengefühl wie bei einer geschlossenen Gruppe bildet. Außerdem wird in regelmäßigen Abständen das Gewicht durch den Kursleiter dokumentiert, was zwar diskret geschieht, aber vor allem zu Beginn einen unangenehmen Nebeneffekt für die Betroffenen darstellen könnte. Die Gruppenleiter bei „Weight Watchers" sind ehemalige Übergewichtige, die eine dreimonatige Grundausbildung erhalten, außerhalb dessen allerdings Laien sind. Bei „Abnehmen - aber mit Vernunft" dagegen wird der Kurs von Fachkräften durchgeführt, die somit zwar nicht unbedingt aus eigener Erfahrung über das Problem sprechen können, dafür aber die fachlichen Grundlagen beherrschen.

Weight Watchers ist eine 3-Phasen-Therapie, bestehend aus Gewichtsreduktion, Gewichtserhaltung und lebenslanger Stabilisation.

Die so genannte „Gold-Mitgliedschaft" stellt eine kostenlose Dauermitgliedschaft für all diejenigen dar, die ihr Zielgewicht erreicht haben und dieses um nicht mehr als zwei Kilogramm überschreiten. Falls das „Gold-Mitglied" dies doch tut, wird es solange auf die Normalstufe „degradiert" bis sie ihr Zielgewicht wieder erreicht hat. Durch diesen Ansporn kann im Idealfall lebenslängliche Nachsorge und eine stetige Wiederherstellung des „Optimalzustandes" erreicht werden[82].

Die Kosten für „Weight Watchers" belaufen sich auf eine Aufnahmegebühr von 15,- Euro, jedes Gruppentreffen kostet wöchentlich zusätzlich 12,- Euro oder alternativ 30,- Euro für den „Monatspass". Die Gold-Mitgliedschaft ist kostenlos, insofern das Zielgewicht eingehalten wird. Die Kosten für die Maßnahme werden teilweise von der Krankenkasse übernommen (z.B. Barmer)[83]. Im Vergleich dazu wird „Abnehmen – aber mit Vernunft" von allen Krankenkassen bis zu 80% bezuschusst. Die Kursleiter legen die Preise für das Programm selbst fest, meistens beläuft sich der Betrag allerdings zwischen 100,- und 300,- Euro entsprechend den angebotenen Zusatzleistungen wie gemeinsames Kochen oder Einkaufen[84].

Zusammenfassend lässt sich sagen, dass „Weight Watchers" eher eine Bewegung präsentiert, die zwar viele Anregungen zu einem gesunden Lebensstil gibt, ihr Hauptaugenmerk aber auf das Zusammengehörigkeitsgefühl und gegenseitige Unterstützung innerhalb der Gruppe gelegt hat. „Abnehmen – aber mit Vernunft" stellt dagegen durch die geschlossenen Gruppe und den systematischen Ablauf einen sicheren Rahmen für die Teilnehmer dar. Auch wenn Weight Watchers versucht, lebenslängliche Nachsorge bei seinen Mitgliedern zu betreiben, könnte die „Degradierung" vom Gold- zum normalen Mitglied für Betroffene unangenehm und demotivierend sein. Obwohl „Abnehmen – aber mit Vernunft" eine weitaus kürzere Nachsorgephase aufweist, beweisen jedoch die neuesten Evaluationsergebnisse eine gute Wirksamkeit des Programms.

---

[82] Vgl. Wirth (1997): 295 f.
[83] Vgl. WeightWatchers.de Limited (2012)
[84] Vgl. IFT Gesundheitsförderung (2012)

3.7 Gestaltung der Kursstunde im Seminar

Die Gestaltung einer Kursstunde aus dem Programm „Abnehmen – aber mit Vernunft" im Seminar „Problemstellungen und Methoden der Prävention, Intervention und/oder Rehabilitation" ermöglichte durch die intensive Arbeit mit dem Thema Adipositas vertieften Einblick in die verschiedenen Bereiche der Ernährungs-, Bewegungs- und Verhaltensumstellung und gab Gelegenheit, die persönliche Fachkompetenz auch vor Publikum zu überprüfen. Gleichzeitig stellte es eine didaktische Herausforderung dar, da bei der Vorbereitung einer Kursstunde darauf geachtet werden muss, die Kursinhalte leicht verständlich zu halten um jede Bildungsschicht anzusprechen. Genauso muss der Sprachgebrauch dem Klientel angepasst werden: Wie adressiere ich die Betroffenen? Welche Worte darf ich verwenden, welche könnten die Teilnehmer beleidigen?

Auch die Entscheidung, welche methodischen Vorgehensweisen und Materialen sich am besten eignen um die Lehrinhalte zu vermitteln und welche Schwierigkeiten sich bei deren Nutzung ergeben können, war eine gute Übung zur Vorbereitung von Vorträgen und Präsentationen.

Auch wenn die Gruppe in diesem Fall nur aus „gespielten" Übergewichtigen bestand, ließ sich dennoch erahnen, welche Probleme sich bei der Arbeit in der Gruppe ergeben könnten und welche Herausforderung es darstellen könnte, diese sinnvoll zu lösen.

Schluss

Die Beschäftigung mit dem Programm „Abnehmen – aber mit Vernunft" hat mir persönlich sehr viel Spaß gemacht und ich habe einen intensiven Einblick in die Prävention und Intervention von Übergewicht bekommen. Für meine berufliche Zukunft kann ich mir gut vorstellen, diese Maßnahme als Gesundheitspädagogin anzubieten und weiter zu verbreiten. Da die Zahl übergewichtiger Menschen immer weiter steigt, ist es umso wichtiger, entsprechende Therapiemaßnahmen Publik zu machen und möglichst viele Personen der Zielgruppe damit anzusprechen.

Egal ob in Settings der Ernährungsberatung, der Sporttherapie oder der Rehabilitation von körperlichen Beschwerden, „Abnehmen – aber mit Vernunft" stellt gerade für Gesundheitspädagogen eine gute Zusatzqualifikation für das Berufsleben dar.

Literaturverzeichnis

Ellrott, Thomas/Pudel, Volker (1998): Adipositastherapie – Aktuelle Perspektiven. Stuttgart: Georg Thieme Verlag, 2. Auflage

Hauner, Dr. med. Dagmar/Hauner, Prof. Dr. med. Hans (2001): Wirksame Hilfe bei Adipositas. Stuttgart: Georg Thieme Verlag

Selz, Rita (2007): Abnehmen, aber mit Vernunft – Kursleitermanual. München: Institut für Therapieforschung

Wirth, Alfred (1997): Adipositas – Epidemiologie, Ätiologie, Folgekrankheiten, Therapie. Berlin und Heidelberg: Springer-Verlag

Internetquellen:

Deutsche Adipositas Gesellschaft (2011): Definition.
http://www.adipositas-gesellschaft.de/index.php?id=39 (Stand: 24.01.2012)

IFT Gesundheitsförderung (2012): Abnehmen – aber mit Vernunft.
http://www.ift-abnehmen.de/ (Stand: 24.01.2012)

WeightWatchers.de Limited (2012): Weight Watchers.
http://www.weightwatchers.de/ (Stand: 24.01.2012)

Dr. Shaw, Rose (2006): Train the trainer-Seminar zu "Abnehmen – aber mit Vernunft"
http://zentrum-patientenschulung.de/tagungen/folien/abnehmen-mit-vernunft_shaw_2.pdf
(Stand: 24.01.2012)

Abbildungsverzeichnis

Abbildung 1:

http://www.diabetiker-hannover.de/diab_hannover/images/bmi.gif

Abbildung 2:

http://www.seiter-klinik.de/typo3temp/pics/787c6f4c66.jpg

Abbildung 3:

http://www.circulatorboot.com/literature/BMI.jpg

Abbildung 4:

http://cache-cdn.kalaydo.de/mmo/0/255/723/30_1267201284_detail.jpg

Abbildung 5:

http://www.deindiaetcoach.de/wissen/fileadmin/images/BilderArtikel/dgeernaehrungskreis.jpg

Abbildung 6:

http://2.bp.blogspot.com/_hpVkuBEKasg/S-
kquOoaxcI/AAAAAAAAAHQ/5H2QuvuAuEE/s320/logo_WEIGHT_WATCHERS.gif